AUX CHASSEURS

L'ART DE GUÉRIR
LES
MALADIES DES CHIENS

SUIVI DE

LA RAGE ET LES MOYENS DE LA PRÉVENIR

PAR

FRÉDERIC HERPIN.

DEUXIÈME ÉDITION

PARIS

LIBRAIRIE FIRMIN DIDOT FRÈRES FILS ET Cie

RUE JACOB, 56.

A MONSIEUR LE VICOMTE LÉOPOLD DE PUYSÉGUR

CHEVALIER DE LA LÉGION D'HONNEUR.

Monsieur le Vicomte,

Le bon accueil qu'ont fait les lecteurs de la Chasse Illustrée *aux articles sur les maladies des chiens publiés dans ce journal, m'ont décidé à les réunir sous le titre de* L'ART DE GUÉRIR LES MALADIES DES CHIENS, *et de les offrir à tous les chasseurs dans l'espoir qu'ils y trouveront des renseignements utiles.*

Reconnaissant de l'honneur que vous m'avez fait en me permettant de mettre cette brochure sous votre patronage, vous qui êtes un chasseur et un veneur émérite, et qui vous intéressez à tout sujet touchant de près ou de loin à la chasse, veuillez en accepter la dédicace, comme un témoignage de mon sincère attachement.

F. H.

PRÉFACE

A Monsieur Fréderic Herpin.

Paris, le 22 août 1872.

Monsieur et cher collaborateur,

Vous me priez d'écrire une préface à votre brochure : L'ART DE GUÉRIR LES MALADIES DES CHIENS. Volontiers, j'accède à ce désir. Mais si je possède quelques notions pratiques, en matière de chasse et de pêche, suis-je compétent en *caniniatrique* — pardonnez-moi l'expression ? — N'eussiez-vous pas mieux fait de vous adresser à plus digne, à mieux informé, à notre savant collaborateur Eugène Gayot, par exemple, lui qui sait tant, qui sait si bien, lui qui d'une façon si spirituellement charmante a dit, dans son grand ouvrage LE CHIEN : (*)

« Après la santé la maladie, comme après « le beau temps la pluie : ces choses-là sont « dans la nature. Vous mourrez tous un jour, « mes frères, et moi aussi, peut-être, disait « naïvement en chaire, un bon curé à ses « paroissiens, lesquels, en vérité, n'avaient « pas trop l'air de s'en douter, laissant aller « les choses, sans intervertir, leur tout pe-« tit bonhomme de chemin. On peut en dire « autant des chiens, si précieux qu'ils soient. « Ils mourront tous un jour, c'est bien cer-« tain. Que ce soit néanmoins le plus tard « possible, et pour ceux qui ont une utilité « quelconque, et pour ceux auquels on tient « pour une cause ou pour une autre. Qu'ils « vivent donc longtemps ceux-là, et que « s'ils deviennent malades, on s'efforce de

(*) Paris, F. DIDOT éditeur.

« les *soulager*; qu'on se hâte de les *guérir*,
« afin de les délivrer autant que possible du
« mal. Ainsi-soit-il. »

Raisonnement plein de sens et d'humour ; aussi quel habile préfacier vous eussiez trouvé dans cet auteur, pour l'utile ouvrage que vous allez livrer au public ! comme il en aurait mis en relief la nécessité et l'excellence ! Vous le destinez modestement aux chasseurs ; moi monsieur, je le dédierais à tous. Le chien fait partie de nos sociétés, à un titre ou à un autre, il les intéresse toutes.

Le soin de son hygiène est donc d'une importance générale, aussi considérai-je que vous nous rendez un précieux service, en éditant, sous forme compacte et sous le titre: L'ART DE GUÉRIR LES CHIENS, une partie des articles si remarqués insérés dans la CHASSE ILLUSTRÉE ; ce petit livre fera plus de bien que maints gros volumes. Qu'il soit à la portée des bourses les plus minces, ce serait là ma seule recommandation, si je ne savais avoir été devancé par vos intentions. Elles sont rares, trop rares, les œuvres spéciales de ce genre. Sauf les traités de vénerie, d'agriculture, les encyclopédies et quelques manuels à peine connus, nous n'avons en France rien de précis et de populaire sur le sujet. Aussi crois-je pour L'ART DE GUÉRIR LES CHIENS à un vif et légitime succès. Ce sera celui de la science allié à l'honnêteté. L'excellent article sur la RAGE en fait preuve ; car, entièrement, il justifie ce mot de l'illustre M. Henry Bouley, à l'Académie de médecine : « la meilleure des prophylaxies de la rage, consiste dans la divulgation des symptômes qui caractérisent cette maladie. »

C'est pourquoi je souhaite sincèrement, monsieur et cher collaborateur, que, chacun appréciant comme je le fais votre bonne et utile étude, elle soit bientôt dans toutes les mains.

Agréez, etc.

H. Émile Chevalier.

Rédacteur en chef de la *Chasse Illustrée*,
membre du Conseil municipal de Paris
et du Conseil général de la Seine.

LES

MALADIES DES CHIENS

> Au commencement, Dieu créa l'homme,
> et le voyant si faible, il lui donna le chien.
> (A TOUSSENEL.)

Ce que je me propose en décrivant dans cette brochure les principales maladies des chiens, c'est d'apprendre aux chasseurs l'art de les guérir eux-mêmes et d'assurer une existence qui leur est si précieuse.

Je veux leur faire connaître en quelques mots les causes des maladies observées le plus fréquemment, les symptômes caractéristiques à l'aide desquels on les distinguent les unes des autres, et les moyens les plus faciles de les guérir. Aussi, pour arriver à ce résultat, je n'entrerai que dans peu de détails, je serai le plus bref possible, pensant que c'est le chemin le plus sûr d'apprendre à ceux qui ne savent pas et de faire souvenir ceux qui déjà ont des connaissances médicales.

Tout chasseur est fier d'être le médecin de son chien, son fidèle et bon compagnon de plaisir ; si donc d'un disciple de saint Hubert je fais un disciple d'Esculape, j'aurai le bonheur d'avoir atteint mon but.

AGE DU CHIEN.

Le mot âge signifie le temps écoulé depuis la naissance.

On arrive à la connaissance de l'âge du chien par l'examen de ses dents.

Les dents d'un animal adulte sont au nombre de quarante-deux : 20 pour la mâchoire supérieure et 22 pour la mâchoire inférieure.

On les divise en *incisives*, *canines* et *molaires*.

Les *incisives* sont au nombre de six à chaque mâchoire, dont 2 pinces ou dents du milieu, 2 mitoyennes et 2 coins. Ces dents sont plus développées à la mâchoire supérieure qu'à l'inférieure.

La partie libre dans une dent vierge, représente

assez bien un trèfle ou la partie supérieure d'une fleur de lis ; elle se divise en trois lobes, un médiant et deux latéraux ; c'est à l'inspection de ces dents que l'on arrive à la connaissance de l'âge du chien, mais les renseignements qu'elles fournissent sont très-incertains.

Les *canines*, crochets ou crocs, sont au nombre de quatre (2 supérieures et 2 inférieures).

Les *molaires* sont au nombre de vingt-six : douze à la mâchoire supérieure, six de chaque côté dont trois petites ou fausses molaires aiguës ; une carnassière et deux autres molaires à couronne plate.

A la mâchoire inférieure, sept de chaque côté dont quatre fausses molaires, une carnassière et deux autres molaires.

En naissant, le chien possède les incisives, les crochets et les douze premières molaires.

Un mois après la naissance, éruption de toutes les dents.

De deux à huit mois, chute des dents de lait et éruption des incisives et des crocs de remplacement.

Éruption des pinces et des mitoyennes, de deux à quatre mois.

Éruption des coins de cinq à huit mois.

La gueule est faite de huit à dix mois.

Un an. — A un an les dents sont fraîches, blanches et n'ont subi aucune usure.

Deux ans. — A deux ans les pinces inférieures sont rasées.

Trois ans. — A trois ans, rasement des mitoyennes inférieures et des pinces supérieures. Les incisives et les crochets prennent quelquefois une teinte jaunâtre.

Quatre ans. — A quatre ans rasement des pinces supérieures et inférieures, des mitoyennes supérieures et inférieures et commencement de rasement des coins.

Cinq ans. — Rasement complet à cinq ans. — La fleur de lis est disparue.

A partir de cette époque, l'état des dents ne peut fournir que des indices très-incertains.

Il ne faut pas accorder une trop grande valeur aux caractères fournis par les dents, parce que l'usure dépend beaucoup de la race et surtout du genre de nourriture.

MALADIES DE LA BOUCHE ET DE L'ARRIÈRE-BOUCHE.

Verrues. — Sur la muqueuse des lèvres, des gencives, du palais, de la langue et de l'arrière-bouche, se trouvent souvent des verrues qni saignent au moindre contact et donnent à l'animal un aspect dégoûtant.

Elles surviennent pour la plupart d'une manière spontanée et souvent en nombre considérable. On croit que l'hérédité en est la principale cause, c'est une maladie peu dangereuse.

Traitement. — On les coupe avec des ciseaux courbes et on lave la bouche avec des gargarismes vinaigrés. S'il n'en existe qu'un petit nombre, après l'incision on peut les cautériser soit avec la pierre infernale, soit avec l'acide nitrique.

Recette d'un vieux Marin.

Prenez une limace noire, frottez-en bien la gueule du chien partout où elle est attaquée par les verrues, jusqu'à ce que cette bête gluante se fonde pour ainsi dire dans la main.

Au bout de quelques jours les verrues tombent.

Aphthes. — Les jeunes chiens peuvent avoir sur la muqueuse buccale, de petites vésicules qui s'ouvrent 24 ou 48 h. après leur apparition et forment de petits ulcères (aphthes), qui les empêchent de teter ou de manger et les font dépérir.

Traitement. — A l'aide de gargarismes vinaigrés faits pendant cinq à six jours, on guérit très-bien cette affection. Prenez :

Eau commune.	1 litre,
Vinaigre.	1 verre,
Miel.	2 à 3 cuillerées.

Si les ulcères ne se cicatrisent pas, il faut avoir recours à un gargarisme aluné.

Alun.	20 grammes,
Miel.	2 à 3 cuillerées,
Eau.	1 litre.

On fait huit à dix gargarismes par jour.

Carie dentaire. — Lorsque les dents sont couvertes de tartre, il faut l'enlever avec une pince en râclant et laver la bouche avec le gargarisme suivant :

Eau.	1 litre,
Acide chlorhydrique. . .	10 grammes,

Et avec une brosse à dent on nettoye toute la mâchoire ; si la dent est cariée et branlante, il faut l'extraire.

MALADIES DES YEUX.

Quoique le chien emploie principalement son odorat pour la recherche du gibier, le sens de la vue lui est d'une grande utilité dans une foule de circonstances ; ainsi par exemple : en chassant sur le bord d'une rivière ou d'un étang, vous abattez un canard ou une bécassine, qui va tomber au milieu de l'eau; votre chien est loin ; à votre coup de fusil il accourt, cherche sur la rive et ne trouve rien; si du doigt vous lui montrez le gibier mort ou blessé il se jettera aussitôt à la nage pour le rapporter. Privé de la vue on ne pourrait plus sur un signe le faire aller à droite, à gauche ; lui indiquer qu'il faut piquer loin en avant, ou rester derrière, et certains chiens, peu employés, il est vrai, ne chassent qu'à vue. Le lévrier, sans ses yeux, serait incapable de poursuivre le plus infirme des lièvres, et sans lui, nous n'aurions plus ces chasses où un rapide coursier nous emporte dans une course vertigineuse pour nous permettre de suivre cette émouvante lutte d'agilité.

Le chasseur ne saurait donc trop faire pour conserver la vue de son chien, dont les paupières et les yeux peuvent être irrités par diverses causes, telles que coups, corps étrangers introduits accidentellement, blessures produites par la morsure d'un autre animal, ou par une épine, etc., au point qu'il en résulte une vive inflammation, état morbide auquel on a donné le nom d'ophthalmie.

Conjonctivite. — La conjonctivite ou inflammation de la membrane qui tapisse la face interne des paupières est annoncée par de la rougeur, du larmoiement et de la douleur.

Les paupières sont parfois tellement tuméfiées, qu'elles recouvrent presque entièrement le globe de l'œil, et la sécrétion muqueuse qui en découle en se mêlant aux larmes agglutine les cils.

Quand l'inflammation est très-vive, la conjonctive déborde la paupière et apparaît sous la forme d'un bourrelet d'un rouge écarlate, ou rouge lie de vin, auquel on a donné le nom de *Chémosis*.

Traitement. — Employez les moyens indiqués pour l'ophthalmie.

Ophthalmie. — On donne le nom d'ophthalmie proprement dite à l'inflammation du globe de l'œil

La conjonctive est rouge, l'œil se couvre d'un nuage blanc strié de sang, et est très-sensible à la lumière.

Traitement. — Lotions émollientes et calmantes avec décoction de têtes de pavots, de cerfeuil, de plantain ou de fleurs de sureau.

Lorsque l'inflammation est un peu calmée, lotions avec des solutions astringentes.

1°	Eau de roses.	100	grammes,
	Sous-acétate de plomb. . .	4	—
2°	Eau de plantain.	200	—
	Alun cristalisé	2	—
	Acétate de plomb.	2	—
3°	Sulfate de zinc.	1	gramme,
	Laudanum.	1	—
	Eau-de-vie camphrée. . .	5	gouttes,
	Eau distillée.	100	grammes.

Agitez avant de faire les lotions que l'on peut renouveler cinq à six fois dans la journée.

Quand il y a *chémoisis*, il faut l'exciser avec des ciseaux courbes bien tranchants, et l'hémorrhagie qui en résulte calme l'inflammation.

Si la maladie résiste, on peut avoir recours au séton au cou ou aux vésicatoires sur le front.

Taies. — Les taies sont de petites taches tantôt grises ou bleuâtres, tantôt blanches ou jaunâtres, qui se forment sur la cornée lucide à la suite de coups ou blessures.

Quelquefois elles disparaissent seules dans un temps plus ou moins long, d'autres fois elles résistent ; dans ce cas, à l'aide d'un pinceau ou d'une barbe de plume, appliquez très-légèrement deux fois par jour la solution de potasse caustique suivante :

Eau distilée.	30 grammes,
Potasse	10 centigrammes.

Quelques minutes après l'application de caustique lavez l'œil avec de l'eau froide.

Dans les inflammations chroniques de l'œil, on emploie avec succès la pommade de précipité rouge on en met dans l'œil matin et soir une petite boule de la grosseur d'un petit pois.

Pour les autres maladies, telles que l'hydropisie de l'œil, le prolapsus ou hernie de l'œil, la paralysie, etc., etc., il faut avoir recours à un homme de l'art.

MALADIES DE L'OREILLE.

Considéré d'une manière générale, le sens de l'ouïe a beaucoup de rapport avec le sens de la vue. Comme ce dernier, il est destiné à faire correspondre le chien avec des corps qui sont à une certaine distance, et à lui permettre d'en apprécier la nature et la position relative.

L'appareil auditif est situé de chaque côté de la tête, à la partie supérieure, position avantageuse pour recueillir les sons. Il est constitué de dehors en dedans par trois cavités successives, qui sont : l'*oreille externe*, destinée à rassembler et à renforcer les sons; l'*oreille moyenne* qui transmet les vibrations qu'elle reçoit de l'air extérieur à l'*oreille interne*, partie la plus essentielle de tout l'appareil, et siége de l'impression auditive.

Diverses affections peuvent avoir leur siége dans l'appareil de l'audition, nous allons les passer en revue en commençant par celles qui attaquent les parties externes.

Maladies externes

1° *Tuméfaction de la conque auriculaire;*

2° *Chancre du bord de l'oreille.*

Tuméfaction de la conque auriculaire. — Chez les chiens à longues oreilles, il arrive que la conque auriculaire (pavillon à base cartilagineuse formant l'oreille externe) se gonfle et quelquefois à un tel point, que l'oreille se tient en l'air. Cette tumeur tendue ou molle, fluctuante, chaude et douloureuse au toucher, a presque toujours pour cause une lésion mécanique, ou elle peut être le résultat de frottements suscités par une démangeaison comme dans le cas de gale, de catarrhe auriculaire, etc., etc. Elle gêne beaucoup les animaux, et contient tantôt du pus, tantôt de la sérosité; aussi la première indication du traitement est-elle de faire la ponction, dans la partie la plus déclive, à l'aide d'une lancette ou d'un simple canif.

On presse pour faire sortir le pus ou la sérosité, et on lave à grande eau, puis à l'aide d'une petite seringue on injecte dans l'intérieur de la poche, soit du vin tiède, soit une solution de teinture d'iode.

Teinture d'iode. . .	1 partie,
Eau.	4 parties,

et pour empêcher l'ouverture de se fermer trop vîte, on introduit dans la plaie une mèche d'étoupe imbibée de vin ou de teinture d'iode.

Chaque jour il est bon de ne pas négliger les soins de propreté qu'il faut continuer jusqu'à ce que la plaie soit cicatrisée.

Chancre du bord de l'oreille. — Cette affection est commune chez les chiens de chasse, particulièrement chez ceux à longues oreilles. Elle consiste, dans le principe, dans une irritation du cartillage conchinien, et plus tard dans une ulcération de celui-ci. Le chien se secoue souvent l'oreille, se gratte et se fait saigner. Si on n'y porte pas promptement remède, l'ulcération augmente tous les jours.

Traitement. — Beaucoup de chasseurs emploient les caustiques liquides, tels que l'acide nitrique, espérant que la perte de substance sera moins grande; il vaut mieux recourir de suite à l'instrument tranchant et au fer rouge pour cautériser et arrêter l'hémorrhagie.

On coupe toute la partie ulcérée avec une paire de ciseaux, ou bien encore on se sert d'un emporte-pièce bien tranchant, et d'un coup de marteau on tranche l'oreille qui est tenue appliquée sur une table ou un corps résistant.

Un excellent caustique est une solution de sous-acétate de plomb concentré dans l'acide azotique.

Sous-acétate de plomb. . . . 5 gr.,
Acide azotique (acide nitrique) 10 gr.

Mais la cautérisation avec un fer rougi à blanc est toujours préférable.

Pour empêcher le chien de se gratter et de se secouer les oreilles, on le coiffe pendant quelque temps avec un bonnet en filet ou en toile, et on imbibe la plaie d'huile d'olive jusqu'à ce que l'escarre soit tombée.

MALADIES INTERNES.

Catarrhe auriculaire. — Le catarrhe auriculaire est dû à une inflammation du conduit auditif.

Le chien secoue fréquemment la tête, se gratte l'oreille et se tient souvent la tête penchée du côté du mal. Plus tard, il y a une suppuration très-fétide, qui permet de porter un diagnostic sûr.

Les premiers soins à donner sont des soins de propreté ; il faut laver l'oreille avec de l'eau de savon noir ou de l'eau de son. Au bout de quelques jours il est bon de donner une purgation.

Sirop de nerprun, 40 à 60 grammes, ou une pilule

d'aloès de 5 à 10 grammes, selon la taille de l'animal. En même temps on a recours aux injections astringentes matin et soir.

Solutum astringent avec la noix de galle:

Noix de galle pulvérisée. .	30 grammes.
Eau commune.	4 décilitres.

Faites une décoction, et laissez réduire à deux décilitres.

Ce solutum est préconisé par M. Reynal, chef de clinique à l'École vétérinaire d'Alfort.

Solutum de Clément, chef de service de chimie à la même école :

Vin rouge.	200 grammes,
Acétate de plomb. . . .	5 —
Sel gris.	50 —

Faites dissoudre dans le vin et filtrez.

Ces deux solutions astringentes sont excellentes et continuées pendant quelque temps, guérissent très-bien le catarrhe auriculaire, même le plus ancien.

Si le catarrhe est chronique, il faut pratiquer l'injection trois fois par jour et passer sur le cou un stéon qui est un dérivatif des plus efficaces. Au contraire, si la maladie est récente, il faut alterner les injections ci-dessus avec une injection d'eau-de-vie camphrée.

Dans tous les cas, le chasseur ne doit pas oublier la purgation, et il est toujours avantageux de la répéter plusieurs fois chaque semaine.

Polypes et verrues dans l'oreille. — On trouve quelquefois dans le conduit auditif externe des excroissances tantôt molles, tantôt dures, qui peuvent occasionner la surdité. Si elles sont nombreuses, il faut les exciser avec des ciseaux et les cautériser avec de l'acide nitrique.

Surdité. — La surdité peut être due à une maladie récente, alors elle passe avec cette maladie et réclame des soins particuliers. Si au contraire, elle est le résultat d'une paralysie du nerf auditif, ou de l'âge, elle est incurable.

LE SAIGNEMENT DE NEZ
(*Epistaxis.*)

Le saignement de nez est une maladie qui ne s'observe guère que dans les grands chenils, où elle fait beaucoup de ravages.

Les chiens qui composent les meutes destinées à chasser les grosses bêtes, cerfs et sangliers, sont de forte taille, robustes et vites ; aussi peut-on regarder comme principale cause de la maladie les efforts excessifs qu'ils font en suivant la piste d'un animal, bon coureur lui-même, et qu'ils doivent mettre aux abois.

Le saignement de nez est un des premiers symptômes de la maladie ; il s'écoule par le nez un ichor rougeâtre ou brunâtre, des ulcères se forment dans les narines, et bientôt le chien maigrit tombe dans le marasme, et le plus souvent meurt.

On peut regarder cette maladie comme générale et non locale. Elle est de nature *anémique* ; c'est pourquoi le traitement doit consister en une médication tonique pour régénérer le sang appauvri.

Jusqu'à ce jour elle n'a pas paru contagieuse et on n'a pas trouvé de moyens très-héroïques pour la combattre.

Dès que le valet de chiens reconnaît un animal malade, il doit le séparer de ses compagnons, et le placer dans un local très-propre et bien aéré. Plus de courses longues et pénibles, une légère promenade sera suffisante.

Pour traitement, les maîtres d'équipage feront bien d'essayer les douches d'eau froide qui donnent toujours de bons résultats dans les maladies anémiques. Après la douche, on doit bien sécher l'animal, et si le temps est beau lui faire faire aussitôt une petite promenade.

Pour nourriture on donnera un pain tonique ainsi composé :

Pour pain de	500	grammes.
Sulfate de fer	15	—
Carbonate de soude. . .	15	—

Si l'épuisement est considérable, on fera prendre soir et matin un décilitre de vin de quinquina et on appliquera un vésicatoire sur la nuque. Les fumigations faites avec une décoction de plantes aromatiques pourront donner aussi de bons résultats; mais si l'on veut triompher, c'est de prendre la maladie dès le début et de faire suivre ce traitement avec beaucoup de soin jusqu'a ce que les forces soient revenues et que le saignement de nez ait totalement disparu.

AGGRAVÉE.

L'aggravée, ou boiterie, fourbure, est une maladie résultant de l'inflammation des tubercules plantaires.

Elle est occasionnée par les frottements incessants des tubercules plantaires contre le sol, surtout lorsqu'il est dur, pierreux, et qu'il fait chaud ou lorsqu'il y a de la neige et de la glace.

Les symptômes sont en rapport avec les degrés de la maladie.

Au premier degré: chaleur et rougeur de l'extrémité plantaire.

Au deuxième degré : chaleur rougeur et tuméfaction jusqu'à une certaine hauteur au-dessus des doigts.

Au troisième degré; l'épiderme est usé jusqu'au vif; grande prostration; fièvre.

Cette maladie est généralement peu grave.

Traitement. — Au début : compresses imbibées d'eau froide et salée; repos; graisser les pattes de suif.

Si l'inflammation est très-vive et la fièvre intense

il faut faire une saignée à la veine du jarret et mettre des cataplasme astringents faits avec le blanc d'Espagne ou la suie de cheminée, associés au vinaigre; la terre glaise, le sulfate de fer et l'alun sont très-bons.

Il faut, dans tous les cas, s'abstenir d'employer des sels de cuivre, de zinc et de plomb, parce que le chien en se léchant les pattes pour soulager ses souffrances, pourrait s'empoisonner ; ainsi, il ne faut jamais employer l'extrait de saturne, qui est un bon astringent. En cas de décollement, il faut donner écoulement à la sérosité et recourir aux adoucissants (suif fondu avec térébenthine en pâte ou pommade de laurier).

LA MALADIE.

Sous le nom de *la maladie* on désigne une affection à caractères multiples qui attaque les chiens pendant leur jeune âge, généralement dans la première année, ou au passage de la jeunesse à l'âge adulte quelquefois même vers l'âge de quinze à dix-huit mois.

Cette maladie n'a pas un type unique ; au contraire, elle revêt des formes variées : elle a pour siége tantôt les organes de la respiration, tantôt ceux de la digestion et d'autres fois le système nerveux ou la peau.

Attaquant des organes différents, elle se manifeste de diverses manières, et les moyens à employer pour la combattre doivent nécessairement varier selon le genre des organes malades.

1° *Le catarrhe bronchique* débutant par un catarrhe nasal est l'affection qu'on observe le plus fréquemment. Au début, les yeux sont chassieux, l'écoulement qui se fait par le nez est d'abord clair, puis devient légèrement purulent, d'un jaune verdâtre; il peut persister longtemps sans qu'aucun trouble apparaisse dans l'économie; le chien conserve sa gaieté et son appétit.

Au second degré apparaît la toux, qui est douloureuse, l'appétit diminue, la fièvre se trahit par des frissons, le flux nasal augmente et la respiration est gênée.

Au troisième degré tous les symptômes augmentent d'intensité, la toux est presque continuelle, le jetage devient très-épais et se colle aux narines, les yeux se cavent et la respiration s'accélère de plus en plus, l'animal maigrit et devient d'une faiblesse extrême. Si l'on ne peut pas alors parvenir à relever les forces, la diarrhée qui se manifeste vers les derniers jours amène bientôt la mort.

La conjonctivite est une complication constante de catarrhe nasal; l'inflammation s'étend quelquefois même jusqu'à la cornée, où il se forme un ulcère qui peut être remplacée par un abcès. Souvent cet abcès s'ouvre sans gagner les couches profondes, et alors il laisse une légère taie qui disparaît facilement, mais d'autres fois il se fait profondément et amène dans ce cas la perte de l'œil.

Traitement du catarrhe nasal. — L'hygiène est d'un puissant secours dans le traitement de cette maladie; l'air de la campagne, une nourriture rafraîchissante et une très-grande propreté amènent une guérison plus rapide.

Beaucoup de médicaments ont été préconisés comme infaillibles, mais aucun d'eux n'a donné des résultats merveilleux ; il n'existe à proprement parler aucun spécifique (1) contre cette maladie. Le seul qui pourrait être considéré comme tel, c'est le quinquina, que l'on administre soit en pilules soit en breuvages. Quand votre chien est faible chasseur, donnez-lui soir et matin un petit verre de vin de quinquina ou une pilule ainsi composée :

Quinquina.	1 gramme,
Gentiane.	1 —
Miel.	quantité suffisante.

Ce tonique lui donnera des forces, excitera son appétit et le rendra plus apte à résister à la maladie. Dès le début, si le chien a six ou sept mois et est fort, il est bon de lui passer un séton au cou ; si, au contraire, il est plus jeune et faible, il faut s'abstenir cet exutoire serait c pable de l'épuiser et de déter-

(1). (Nouveau spécifique). — *Recette d'un chasseur.* Prenez des écailles d'huître, faites les torréfier, broyez les et passez ensuite au tamis.

Quand le chien est malade, administrez, une fois par semaine une cuillerée à bouche de cette poudre avec une cuillerée d'huile d'olives.

M. le comte de Puységur m'a assuré que celte médication donnait de bons résultats, et que le piqueur d'un de ses amis, qui l'emploie depuis longtemps sauve tous ses chiens. A *Expérimenter.*

miner des convulsions. On donne aussi une purgation avec des purgatifs doux, la manne à la dose de 30 à 60 grammes dans une tasse de lait, ou l'huile de ricin à la même dose.

On obtient de bons résultats en donnant tous les huit jours de l'émétique ou du kermès à la dose de 5 à 10 centigrammes. — Pour combattre la toux il faut faire prendre du sirop d'ipéca (2 cuillerées à café, au matin, à midi et au soir quelque temps avant le repas) et du lait coupé avec de la tisane de chiendent édulcorée avec du miel. Plusieurs fois par jour, il faut avoir soin de nettoyer avec de l'eau tiède les yeux, le nez et la bouche ainsi que le séton, à cause de l'odeur fétide de la suppuration.

Si la cornée est malade, on lave l'œil avec une décoction de mauve, que l'on peut remplacer par un collyre astringent (sulfate de zinc, 1 gramme; eau de roses, 200 gr.); s'il existe une ulcération, il faut la cautériser avec un crayon de nitrate d'argent et revenir plusieurs fois à la cautérisation pour réprimer les bourgeonnements qui surviennent quelquefois après l'ouverture des abcès. En employant à temps ces moyens, on est à peu près sûr d'obtenir la guérison.

2° *Catharrhe intestinal.* — Le catarrhe intestinal peut exister seul ou compliquer le catarrhe nasal; il apparaît au moment de la seconde dentition: au début, le chien ne présente point de symptômes graves; seulement les excréments sont d'un jaune clair et fréquemment expulsés.

A la diarrhée succède souvent la *dyssenterie* : l'animal est triste, le dos est voûté, l'abdomen est sensible, les excréments sont expulsés avec difficulté et sont mélangés de sang, la gueule répand une odeur fétide ; à une période plus avancée la prostration est très-grande, les flancs sont retroussés, les excréments prennent une teinte noirâtre et la mort vient lentement.

Traitement. — Dès le début il faut administrer, chaque jour, cinq à six lavements à l'eau de riz, dans laquelle on ajoute quelques gouttes de laudanum, ou des lavements à l'amidon lorsque la diarrhée est forte. Si la dyssenterie donne une grande fièvre, on place un sinapisme sous le ventre et on fait prendre à l'intérieur des boissons opiacées (gomme arabique 60 grammes, eau 1 litre et une dizaine de gouttes de laudanum).

Pour désinfecter la gueule, on fait des gargarismes acidulés :

Décoction d'orge. . . . . . . 1 litre.
Miel. . . . . 200 grammes.
Acide chlorhydrique. . . . . quantité suffisante.

Après avoir fait dissoudre le miel dans la décoction, on ajoute peu à peu l'acide jusqu'à ce que le liquide ait contracté une saveur acide et styptique assez prononcée.

Comme nourriture, on fait prendre de l'eau d'orge, du riz, et il faut éviter de donner du lait.

3° *Forme nerveuse.* — Dans le jeune âge, les maladies du système nerveux sont fréquentes. *Les convulsions* apparaissent souvent chez un animal bien portant à l'époque de la seconde dentition, et plus fréquemment lorsque le catarrhe bronchique ou la dyssenterie l'ont épuisé ; elles peuvent sous l'influence d'un bon régime disparaître tout à fait, d'autres fois elles déterminent une *paralysie* partielle ou générale.

Si le chien atteint de convulsions, est fort et bien portant, on lui donne une purgation, on passe un séton au cou et on applique un vésicatoire sur le crâne; lorsque au contraire, il est faible et épuisé par la maladie, il faut recourir aux toniques et le faire changer d'air. Dans les cas de paralysie, on emploie le même traitement que pour les convulsions; si le train de derrière est faible on met un large vésicatoire sur les reins, et pour éviter l'irritation produite sur les organes génito-urinaires par la cantharide qui se trouve dans l'onguent vésicatoire, on donne des boissons mucilagineuses auxquelles on ajoute quelques grammes de camphre. On a conseillé la strychnine à la dose de 5 à 6 milligrammes; mais comme c'est une substance très-énergique, le chasseur fera bien de recourir au vétérinaire lorsqu'il voudra en faire l'emploi.

La chorée ou *danse de Saint-Guy* succède ordinairement à d'autres maladies, surtout au catarrhe bronchique. Elle est caractérisée par les contractions involontaires des muscles de certaines parties du corps, et comme elles se répètent à de très-courts intervalles, elles mettent les parties atteintes dans un mouvement continuel. Les contractions, d'abord faibles, augmentent et gagnent quelquefois tout le corps; chez la plupart des chiens, elles se continuent pendant le sommeil, mais plus faiblement que pendant la veille.

Le chien conserve tous les signes extérieurs de la santé et guérit généralement bien lorsqu'il arrive à l'âge adulte.

Divers moyens thérapeutiques ont été préconisés contre cette maladie, et se sont montrés d'une efficacité très-douteuse. Quelques-uns ont obtenu de bons résultats de la noix vomique à la dose de 2 à 4 grains. On peut essayer le traitement suivant :

Quinquina
Valériane } . . . . 5 grammes,
Assa-fœtida

Camphre. . . . . 1 gramme,

Miel. . . . . 9 quantité suffisante,

pour 25 à 30 pilules, selon la force du chien. En donnant une pilule par jour, j'ai obtenu des améliorations très-sensibles ; mais, je le répète, lorsque la chorée est faible, elle se passe d'elle-même, avec le temps.

4° *Maladie éruptive.* — Une affection de la peau vient souvent compliquer la maladie. On voit apparaître sous le ventre, à la face interne des cuisses et sous la poitrine des bulles qui se remplissent d'un liquide clair, deviennent convexes, crèvent et laissent écouler un liquide opalin. Autour de chaque bulle, existe une auréole rouge, de sorte que tout le derme paraît rouge lorsque ces bulles sont en grande quantité. La maladie peut gagner tout le corps qui exale alors une odeur fétide.

Si cette éruption existe seule, elle se guérit facilement en faisant prendre quelques bains de son et en donnant des tisanes d'orge et du vin de quinquina; si elle se complique d'une autre maladie, elle accélère la mort en déterminant le marasme.

Cette maladie est regardée comme contagieuse; aussi il faut avoir le soin d'isoler les animaux malades. J'ai eu un chien qui en était atteint et qui couchait avec un autre chien: la maladie ne s'est pas communiquée; malgré cela je vous engage à prendre des précautions.

PLAIES.

On désigne sous le nom de plaies les solutions de continuité faites d'une manière mécanique aux parties molles du corps.

Au moment de la division des tissus il se produit de la douleur, une hémorrhagie, et l'écartement des bords. Les plaies se cicatrisent de deux manières selon que les bords sont mis de suite en contact ou qu'ils restent séparés. Dans le premier cas la plaie se cicatrise par réunion immédiate ou par première intention : une matière particulière s'épanche entre les bords de la plaie et les réunit comme une sorte de colle ; cette matière s'organise au bout de trois à quatre jours et devient très-dense. Dans le second cas, et c'est le mode de réunion le plus ordinaire, la cicatrisation se fait par deuxième intention ; les tissus se couvrent de petites saillies vasculaires qui se tiennent par leurs bords et forment une membrane bourgeonneuse qui fournit un liquide particulier appelé pus.

Quand une plaie doit suppurer, on voit sa surface se couvrir de bourgeons charnus d'un rouge vif qui saignent au moindre contact. Si l'inflammation est trop vive, il faut la calmer en mettant l'animal à la diète et en pansant la partie blessée avec de l'huile camphrée ; si, au contraire, la plaie prend une teinte blafarde et que la réaction vitale soit faible, il faut l'exciter par l'application de teinture d'aloès ou d'onguent vésicatoire. Quelquefois les bourgeons charnus prennent un trop grand développement lorsque la cicatrisation est sur le point de se terminer ; pour arrêter ces excroissances on les saupoudre avec l'alun calciné, ou on passe légèrement la pierre infernale sur toute la surface de la plaie.

Au lieu de se cicatriser d'une manière régulière, la plaie peut devenir *gangreneuse*, les tissus prennent une teinte verdâtre, le liquide sécrété est séro-sanguinolent et répand une mauvaise odeur ; les bords des plaies sont engorgés et l'engorgement, qui est mou, tend à s'étendre.

Il faut s'empresser de cautériser soit avec le fer, rouge, soit avec l'eau de Rabel ou l'acide chlorhydrique, et pour absorber le liquide sanieux, on saupoudre la plaie avec un mélange de poudre de charbon et de quinquina.

Le chien de chasse peut recevoir un coup de fusil ou être éventré d'un coup d'andouiller ou d'un coup de boutoir. Dans le cas de plaie par arme à feu, il faut enlever, autant que possible le plomb resté dans les tissus et panser comme une plaie ordinaire.

Si les boyaux font hernie au dehors, on couche l'animal sur le dos, on lave avec de l'eau fraîche les viscères tachées de sang, on les fait rentrer avec précaution dans l'intérieur du ventre, puis on fait une suture en ayant soin de mettre en contact les deux lèvres de la plaie par leur face interne.

Dans ces deux sortes de blessures, il y a presque toujours une fièvre plus ou moins intense et quelquefois une hémorrhagie considérable. Si les vaisseaux blessés sont gros et laissent couler beaucoup de sang, on en fait la ligature, et si l'hémorrhagie est faible on applique un pansement fait avec de l'étoupe imprégnée de Phénol-Bobœuf ou de perchlorure de fer. Pour calmer la fièvre, on met le chien à la diète et on le saigne à la veine du jarret.

Plaies envenimées. — Les plaies envenimées sont produites par la morsure ou la piqûre d'animaux qui sécrètent du venin. Ces animaux venimeux appartiennent soit à la classe des insectes soit à celles des reptiles.

Les insectes venimeux font partie de la classe des *hyménoptères* ; ce sont les abeilles, les guêpes et les frelons.

Leur piqûre détermine une douleur vive et cuisante, puis de la tuméfaction avec rougeur. Quand il n'y a qu'une seule piqûre, la douleur est de peu de durée et l'inflammation disparaît seule, mais si les piqûres sont nombreuses, il survient un engorgement considérable et une violente fièvre. Dans ce cas il faut pratiquer une saignée locale dans l'engorgement même ; si l'on se trouve près d'une mare ou d'un ruisseau on y fait baigner le chien. A sa rentrée au chenil, on fait des lotions avec de l'eau vinaigrée ou avec le Phénol-Bobœuf étendu d'eau.

Morsure de la vipère. — La morsure la plus grave est celle produite par la vipère (*coluber berus*) appelée aussi aspic.

La vipère a beaucoup de ressemblance avec certaines couleuvres. On la distingue à première vue de ces serpents inoffensifs par la forme de la tête, qui est plus obtuse et plus élargie en arrière, ainsi que par la queue, qui est plus courte et moins effilée. Sa longueur est de cinquante à soixante centimètres, ses couleurs sont variables : le fond est ordinairement brun ou roussâtre ; sur le dos, une double rangée de taches transversales noires qui forment une bande sinueuse. La tête est comme tronquée en avant, elle est déprimée et couverte de petites écailles, et marquée d'une tache noire en forme de V.

C'est avec ses dents que la vipère fait ses terribles blessures. De chaque côté de la mâchoire supérieure, elle porte deux glandes qui secrètent son venin et deux vésicules, sortes de réservoirs, d'où elle le fait sortir à volonté par une contraction des muscles. Le venin passe dans un canal excréteur qui le conduit à la racine des crochets, percés dans toute leur longueur par un petit conduit qui aboutit à l'extrémité de la pointe.

La blessure faite par les crochets n'est pas très-douloureuse au moment même où elle a lieu ; mais au bout de quelques secondes la douleur devient vive, la plaie enfle, et il se produit quelquefois un engorgement considérable. Comme symptômes généraux, on peut signaler la perte de l'appétit, la fièvre et la gêne dans le mouvement des mâchoires. Certains chiens éprouvent des nausées, des vomissements, une soif ardente et des mouvements convulsifs.

Diverses circonstances font varier la gravité de la blessure ; plus l'animal est gros et irrité, plus il verse du venin, plus la chaleur est grande, plus l'intoxication est vive et puissante. Si la vipère a épuisé son venin par un grand nombre de morsures on peut immédiatement après se laisser mordre impunément, parce qu'il faut un certain temps pour la sécrétion d'un nouveau liquide venimeux.

Généralement la morsure de la vipère n'est pas mortelle, et cependant la mort arrive quelquefois, surtout lorsque l'animal a été mordu à l'œil ou à la langue.

Traitement. — Il faut : 1° Au moyen d'une ligature, si la morsure est à un membre, s'opposer à l'introduction du venin dans la circulation.

2° Débrider la plaie d'un coup de lancette, la presser et la laver avec de l'eau ou à défaut avec de l'urine, qui exerce une légère action caustique par l'ammoniaque qu'elle contient.

3° Cautériser avec un acide concentré, le beurre d'antimoine ou l'acide phénique que l'on applique à l'aide d'un pinceau ou d'un petit morceau de bois.

L'ammoniaque, en grande réputation parmi les chasseurs, n'est pas un caustique assez énergique pour la morsure de la vipère, alors qu'il y a un véritable danger.

A la rentrée au logis on fait de légères scarifications dans l'engorgement, on fait des frictions avec un liniment ammoniacal :

Huile, }
Amoniaque, } parties égales.

Agitez avant chaque friction.

A l'intérieur, on donne des boissons ammoniacées, qui agissent comme sudorifiques et excitantes (5 à 6 gouttes d'ammoniaque dans un verre d'eau.)

Tous ces moyens doivent être employés, autant que possible, avec la plus grande célérité.

MALADIES PARASITAIRES

Les insectes qui vivent en parasites sur la peau des chiens peuvent, lorsqu'ils sont en grand nombre, faire dépérir l'animal et être cause d'affections dégoûtantes ; aussi doit-on les détruire dès qu'on s'aperçoit de leur présence : — 1° Les plus communs de ces parasites sont les puces, qui ressemblent beaucoup à celles de l'homme, mais qui en diffèrent par la couleur jaune brun de l'abdomen et des pattes et par un état plus velu. Elles se trouvent sur toutes les parties du corps, où elles se nourrissent de sang qu'elles soutirent au moyen de leur suçoir. Elles tourmentent beaucoup les chiens, qui se grattent sans cesse. — 2° Les poux sont plus rares ; ordinairement quand un chien a des poux, c'est qu'ils lui ont été transmis par un autre chien. On les trouve principalement autour du cou. — 3° Les trichodectes sont encore plus rares que les poux ; ils ne paraissent pas avoir de préférence pour certaines places. Ils ressemblent assez aux poux, ils en diffèrent par la taille et la couleur. Ils sont plus petits et d'une couleur jaunâtre, tandis que les poux sont d'un brun rougeâtre.

Traitement. — Un auteur anglais, Delabère-Blaine, qui a écrit sur la maladie des chiens, conseille pour détruire les puces de faire coucher les chiens sur des copeaux de sapin ; mais il n'est pas toujours facile de se procurer des copeaux frais : aussi est-il préférable de faire tondre l'animal si le poil est long et épais et de lui faire prendre des bains, soit savonneux, soit sulfureux.

Bains savonneux.

Eau tiède. . . . . . . 10 litres.

Savon vert. . . . . . 100 grammes.

faites dissoudre le savon dans l'eau chaude, plongez le chien dans le bain, frottez et savonnez toute la surface de la peau avec une brosse en chiendent.

Bains sulfureux.

Eau. . . . . 10 litres.

Sulfure de potasse. 150 grammes.

On peut sans inconvénient augmenter la quantité de sulfure.

Si la saison est froide, on peut recourir aux lotions médicamenteuses.

Staphysag re. . . . . . . 30 à 40 gr.

Vinaigre. . . . . 2 verres.

Faites macérer pendant 24 heures la staphysaigre pulvérisée dans le vinaigre et employez en frictionnant à rebrousse poil. Il faut faire ce traitement pendant plusieurs jours.

Lorsque les parasites se trouvent dans une région peu étendue, on enduit la peau d'huile, et préférablement de glycérine.

Outre le traitement externe, on obtient de bons résultats de l'emploi du traitement interne. On administre à l'intérieur l'essence de térébenthine incorporée dans un jaune d'œuf (de 3 à 4 gr. d'essence, selon la taille.)

Un autre parasite, le tiquet (*Ixodes ricinus*) que tous les chasseurs connaissent sous le nom de tique, se trouve sur les chiens qui vont au bois. Il s'attache de préférence à la peau des oreilles, au cou, et se remplit comme une outre en se gorgeant de sang.

Pour le détruire on l'arrache avec les doigts ou on l'asphyxie avec l'huile ou la benzine ?

Gale. — Le parasite qui détermine la maladie la plus grave est le sarcopte appelé aussi *acare.* C'est un insecte microscopique qui se trouve sur la peau des chiens galeux et caractérise, par sa présence la véritable gale.

Outre le sarcopte, un second arachnide parasite peut déterminer la gale, c'est le *demodex*, qui fait son séjour dans les follicules pileux et sébacés tandis que le sarcopte vit sur l'épiderme. D'où deux formes de gale canine ; la gale sarcoptique et la ga-

3

le *folliculaire*, ainsi dénommée à cause du siége de l'affection.

La gale est une inflammation de la peau de nature exanthématеuse. Elle se manifeste d'abord par un hérissement des poils, du prurit, de la rougeur, et par de petits vésicules qui se transforment en ulcères superficiels. Plus tard les poils deviennent secs et tombent, la peau s'épaissit, se ride et se couvre de croûtes grisâtres. C'est dans ces rides et sous ces croûtes de la peau que se trouvent les acares.

A une période avancée de la maladie le chien perd l'appétit, dépérit, et finit par mourir dans le marasme.

La gale sarcoptique est contagieuse ; elle peut venir par suite d'une mauvaise alimentation, de logements malpropres, mais c'est la contagion qui en est la principale cause.

D'après les observations cliniques, on a constaté que cette gale était contagieuse pour l'homme, qu'elle se guérissait spontanément en 3 ou 4 semaines.

Dans la forme folliculaire, la présence de l'acare

des follicules se décèle par une tuméfaction circonscrite de la peau ; le corps est parsemé de petites pustules très-serrées qui crèvent et laissent sortir un fluide d'abord séreux, puis purulent. Comme dans la forme sarcoptique la peau s'épaissit et se gerce mais la démangeaison paraît généralement moins considérable. Les poils tombent et ne se régénèrent plus.

Cette affection est très-grave à cause de la profondeur du séjour du *démodex* que les agents acaricides ne peuvent atteindre, et elle est également contagieuse.

Un grand nombre de moyens ont été préconisés pour guérir la gale du chien. Voici les formules de quelques préparations pharmaceutiques dont l'efficacité est reconnue ; avant d'en faire usage il est utile de faire tondre les animaux, de bien nettoyer la peau avec de l'eau savonneuse et de faire prendre des bains émollients pour calmer la douleur.

Pommade d'Helmeric.

Fleur de soufre.	50 gr.
Carbonate de potasse.	20

Axonge. 100

On substitue avec avantage la glycérine à l'axonge.

Pommade de goudron.

Goudron. . . . . 50 gr.

Cantharides pulvérisées. . . 2

Huile d'olive. 5

Cette pommade est mise souvent en usage aux hôpitaux de l'École d'Alfort quand la gale résiste aux autres moyens.

Bains.

Sulfure de potasse. . . . . 200 gr.

Eau. . . . . 10 litres.

Bain arsenical.

Arsenic blanc. . . . . 5 gr.

Eau. 500

Les chasseurs emploient souvent la préparation suivante, connue sous le nom de

Recette des chasseurs.

Fleur de soufre. . . . . . . 1 poignée.

Poudre de chasse. . . . 2 coups.

Sel gris. . . . . 1 poignée

Vinaigre. . . . . . . 1 litre.

Dans ces derniers, temps on a employé le pétrole seul ou associé à l'huile, qui a donné de bons résultats.

Quelle que soit la préparation dont on a fait choix, il est indispensable d'en renouveler l'application tous les quatre ou cinq jours, et si l'on veut obtenir une guérison radicale, il faut faire souvent des lavages avec l'eau de savon ou une solution alcaline pour débarasser la peau des croûtes qui la recouvrent.

Solution alcaline.

Potasse.	500 gr.
Eau.	5 litres.

Une bonne nourriture permet au chien de résister longtemps à la maladie ; un logement bien aéré avec litière renouvelée souvent empêche le développement des acares ; en un mot, l'hygiène est d'un grand secours pour triompher de cette maladie.

MALADIES DE LA PEAU.

Prurigo. — Cette maladie consiste dans une vive irritation de la peau, qui est rouge.

Les chiens éprouvent une démangeaison continuelle, de sorte qu'ils ne cessent pas de se gratter avec les pattes, de se mordre et de se frotter sur le sol ou contre les objets extérieurs.

Traitement. — Nourriture rafraîchissante. — Purgation 10 à 20 centigr. de calomel, et bains sulfureux.

Dartres. — Elles se montrent sous différentes formes, et généralement, elles ont leur siége à la tête, au cou, aux fesses et plus rarement sur le tronc.

Les poils tombent, et il en résulte des places dénudées de poil, de forme arrondie; la peau est tantôt d'un rouge vif avec suppuration (dartre humide) tantôt sèche, et l'épiderme se détache par petites écailles pulvérulentes semblables à du son (dartre sèche, dartre furfuracée); d'autres fois elle se creuse (dartre rongeante) ou bien il se forme une croûte très-épaisse (dartre croûteuse); en général elles ont une tendance à s'étendre, à se reproduire et à se déplacer d'un point de la peau sur un autre.

Traitement. — La dartre n'est pas généralement une maladie grave, elle se guérit assez facilement par l'emploi de la pommade mercurielle, du goudron, de la teinture d'iode.

Le séton au cou et la purgation sont indispensables, quand la dartre se reproduit, et la peau doit être tenue dans un grand état de propreté. Après l'application médicamenteuse il faut prendre garde que le chien se lèche.

AFFECTIONS VERMINEUSES.

Presque tous les chiens, surtout lorsqu'ils sont jeunes, logent dans leurs viscères digestifs diverses espèces de vers, qui produisent toujours quelque irritation, quelques douleurs, et peuvent même occasionner la mort s'ils sont en très-grande quantité. Ces vers sont : le spiroptère et le strongle qui vivent dans l'estomac, l'ascaride, le distome et le ténia, dans l'intestin grêle, le trichocéphale dans le cœcum (portion du gros intestin), enfin une petite espèce d'ascaride. Ces derniers se trouvent à l'extrémité du rectum où ils occasionnent une démangeaison violente, qui engage les animaux à se traîner sur le derrière et à y porter la gueule, comme pour s'en débarrasser. Quelques symptômes dénotent la présence des vers chez le chien, lorsque sain en apparence il a un appétit variable et maigrit, quoique mangeant beaucoup. Le poil devient terne et se hérissé, quelquefois une légère toux se manifeste, ainsi que des douleurs intestinales ; enfin, on trouve des vers morts dans les matières vomies et dans les excréments.

Lorsqu'il y a des ténias, les chiens sont inquiets, changent souvent de place, se regardent le ventre, où ils donnent de légers coups de dents.

Traitement. — On détruit les vers en administrant au chien, le matin à jeun, pendant un ou plusieurs jours, 10 à 15 grammes de semen-contra dans du lait, ou bien 10 à 20 centigrammes de calomel préparé à la vapeur ou 4 à 8 grammes d'essence de térébenthine battue avec un jaune d'œuf délayé dans un verre d'eau tiède.

Pour le ténia, la décoction de racine de grenadier, 15 à 30 gram. pour 3 décilitres d'eau a paru toujours spécifique. — La décoction concentrée de racine de fougère mâle (30 gram. pour 3 décilitres d'eau) tue également bien ces vers.

On fait prendre ces décoctions, en trois fois, dans la même journée.

Le lendemain de l'administration du vermicide, il faut donner un purgatif drastique (aloès 5 à 10 gr.) pour expulser les vers qui ne sont qu'engourdis ;

mais cette précaution est inutile si l'on n'emploie le calomel, parce que ce médicament agit comme vermifuge et comme purgatif.

DES MALADIES INTERNES.

Le diagnostic des maladies internes est difficile pour le chasseur qui n'est pas initié à l'art médical ; aussi je l'engage à recourir quelquefois au vétérinaire, qui sera plus à même de distinguer la maladie et d'ordonner un traitement convenable.

Maladie de la poitrine. — l'inflammation du poumon *(pneumonie)* est assez fréquente chez le chien; elle existe tantôt seule, tantôt compliquée avec une pleurésie et la maladie des jeunes chiens.

Les refroidissements de diverses espèces sont les causes occasionnelles principales.

Symptômes. — Le chien est abattu, se couche au début de la maladie et change souvent de place, plus tard il reste assis sur le derrière, tenant la tête relevée. La respiration est agitée, avec soulèvement des côtes, la toux est courte et douloureuse, le nez est sec, et lors de la toux, il découle quelquefois un jetage d'un jaune rougeâtre. La fièvre est intense, les yeux sont rouges, le pouls est fort et vite; à l'auscultation, il y a diminution des bruits respiratoires aux endroits malades et augmentation aux endroits sains, et la percussion des côtes ne paraît pas causer de douleur, elle donne un son mat dans les parties hépatisées.

Traitement. — Le traitement réclame dès le début, une forte saignée que l'on répète le lendemain, si la maladie n'est pas diminuée.

On place, dans les cas graves, un séton au cou et sur les côtes de chaque côté, ainsi qu'un large vésicatoire dans la région sternale.

A l'intérieur on fait prendre des boissons émétisées (2 centigrammes d'émétique dans une tasse de lait chaud, soir et matin), et pour combattre la constipation, on donne des lavements avec l'eau de son et 10 à 15 grammes de sulfate de soude.

La *pleurésie*, ou inflammation de la membrane séreuse qui tapisse la face interne des parois de la poitrine et du diaphragme ainsi que la face externe du poumon et du péricarde, apparaît quelquefois seule ou vient compliquer la pneumonie. On la distingue facilement de cette dernière maladie en exerçant une pression sur les côtes; l'animal manifeste de la douleur, et dans la respiration les côtes ne participent presque pas au mouvement ; lorsqu'il y a épanchement de liquide on entend à l'auscultation un bruit de fluctuation et le bruit respiratoire est très-faible.

Il faut provoquer au plus tôt, une dérivation au dehors, soit par des sétons, soit par des vésicatoires sur les parois latérales de la poitrine.

A l'intérieur on donne l'émétique (1 centigr.) trois fois par jour et un purgatif (calomel, 5 à 10 centigr.). — La saignée n'est nécessaire que chez les chiens robustes.

Le régime doit être maigre, on ajoute à l'eau servant de boisson quelques grammes de sel de nitre pour augmenter la sécrétion urinaire.

Maladie des organes digestifs. — La *gastrite*, ou inflammation de la membrane de l'estomac, est déterminée, le plus souvent, par des aliments de mauvaise qualité, des substances vénéneuses ou par la présence de corps étrangers durs et irritants tels que des os trop volumineux.

Elle s'annonce par de la tristesse, de l'inappétence,

une soif ardente et par des vomissements fréquents. La muqueuse buccale est rouge et les matières rejetées par la gueule sont assez souvent jaunâtres.

Assez rarement mortelle, cette maladie peut durer de huit à quinze jours.

Traitement. — Diète, tisanes émollientes édulcorées avec du miel, telles que eau de mauve d'orge de chien-dent, lait coupé avec ces tisanes; au début on peut donner un vomitif pour expulser les matières contenues dans l'estomac (10 à 20 centigrammes de kermès) ; si la fièvre est très-intense, on saigne à la veine du jarret.

L'*entérite* ou inflammation des intestins a à peu près les mêmes symptômes que la gastrite. Elle s'annonce en outre par des coliques, de la constipation ou de la diarrhée. Le chien, tourmenté par des douleurs violentes, ne peut rester couché, il change souvent de position et se regarde le flanc.

Traitement. — Si l'inflammation est très-intense, dès le début on fait une saignée de 50 à 150 grammes, selon la force de l'animal et on donne des boissons émollientes et des lavements à l'eau de son. En cas de constipation, on fait prendre tous les jours 25 à 30 grammes de manne. Pour la diarrhée on ajoute quelques gouttes de laudanum dans les boissons à l'eau de riz et on donne des lavements à l'eau d'amidon.

Ictère ou *jaunisse*. — Le nom de jaunisse indique parfaitement le caractère distinctif de cette maladie qui est très-grave et presque toujours mortelle chez le chien. Toutes les membranes muqueuses apparentes, de la bouche et des yeux, sont jaunes. Les urines et les excréments sont également jaunes. La peau prend au bout de quelques jours une teinte jaune ; le chien est très-abattu et vomit très-fréquemment.

Dans l'immense majorité des cas, la mort arrive au bout de quatre ou cinq jours. Le traitement ne réussit pas souvent, cependant on a obtenu des guérisons en faisant une petite saignée, en plaçant un vésicatoire sous la poitrine et en donnant 10 à 15 grammes de crême de tartre soluble dans une décoction de carottes. On aura également recours aux lavements d'eau de graine de lin fréquemment administrés. Si les vomissements sont fréquents, il faut faire prendre de l'eau glacée par cuillerées tous les quarts d'heure et y ajouter chaque fois du jus de citron. Au lieu de faire une saignée, on peut appliquer une dizaine de sangsues sous le ventre.

L'*hydropisie* abdominale, ou *ascite*, est produite par une sécrétion très-abondante du liquide qui dans l'état normal lubréfie tous les organes contenus dans le ventre, et qui dans l'état morbide s'accumule en quantité plus ou moins considérable.

Le chien maigrit, tout en mangeant beaucoup, la soif est plus vive, le ventre augmente de volume et la respiration devient gênée. Lorsque le mal a fait des progrès, le ventre touche presque à terre.

Traitement. — On a conseillé la ponction, mais cette opération réussit rarement, l'eau se reforme de nouveau.

Si la maladie est attaquée dès le début, on peut en triompher en donnant des boissons diurétiques (vinaigre scillitique, 4 à 5 grammes par litres d'eau miellée), et en faisant deux fois par jour des frictions sur le ventre avec le vinaigre scillitique.

MALADIE DES ORGANES GÉNITO-URINAIRES.

Hématurie ou *pissement de sang.* — C'est surtout sur le chien courant qu'on observe cette maladie,

Elle apparaît après une chasse longue et pénible, par un temps chaud ; le sang qui sort mélangé avec l'urine peut être d'un rouge vif ou d'un rouge noirâtre ; cette hématurie qui est une conséquence de la décomposition du sang est souvent grave.

On doit laisser reposer le chien et lui donner des boissons mucilagineuses auxquelles on ajoute quelques gouttes d'acide sulfurique ; si le pissement de sang continue on donne le quinquina en décoction ou bien une infusion d'écorce de chêne avec 3 à 4 grammes de camphre qu'on triture avec un jaune d'œuf.

Gonorrhée, —vulgairement chaude-pisse. — Cette maladie a pour cause la contagion ; à la suite d'un coït impur le chien contracte souvent cette affection que l'on reconnaît facilement à un écoulement purulent qui répand quelquefois une odeur infecte.

Lors de la sortie des urines l'animal ressent de la douleur qu'il manifeste par des plaintes.

Traitement. — Soins de propreté. — Administrez un vomitif de 10 à 15 centigrammes d'émétique et faites prendre, soir et matin, une pilule de copahu.

Si le mal résiste faites, deux fois par jour, des injections astringentes.

1° Eau distillée	100 gr.
Tannin	2 à 5 gr.
2° Eau	100 gr.
Sulfate de zinc.	5 gr.

Inflammation des mamelles. — Après le part on enlève presque toujours de suite la totalité ou une grande partie des petits, alors il survient un engorgement des mamelles, chaud, douloureux, et pouvant se terminer par l'induration ou la suppuration. Cette inflammation peut aussi avoir pour cause des coups, des refroidissements, mais le plus souvent c'est la suppression des petits qui l'occasionne.

Le traitement consiste à donner des boissons laxatives (lait avec 15 à 20 grammes de sulfate de soude ou de magnésie) de manière à obtenir pendant plusieurs jours une légère purgation. A l'extérieur on étend une sorte d'emplâtre fait avec du blanc d'Espagne délayé dans du vinaigre. S'il y a tendance à l'induration, on emploie en friction deux fois par jour la pommade mercurielle ; la suppuration arrive que très-rarement, et dans ce cas on ponctionne avec un bistouri pour donner issue au pus, puis on injecte dans la poche du vin sucré ou une légère solution de teinture d'iode.

Cancer des mamelles et du vagin.— Les tumeurs cancéreuses se rencontrent très-fréquemment chez les chiens sous toutes les formes qu'elles présentent dans l'espèce humaine. C'est principalement aux mamelles, dans le vagin ou au col de la matrice qu'on les observe le plus communément.

Le cancer se présente au début sous la forme d'une tumeur dure, bosselée, presque insensible; plus tard la douleur devient vive, la tumeur grandit peu à peu et atteint un énorme développement sans que la santé soit altérée. La glande finit à la longue par se ramollir en certains points, elle devient chaude, d'un rouge bleuâtre, et le liquide qui s'écoule par les ulcérations est rougeâtre et fétide: arrivé à cet état le cancer détermine la fièvre et épuise l'animal qui tombe dans le marasme et meurt.

Le cancer se transmet par hérédité.

Le meilleur traitement consiste dans l'extirpation de la tumeur; s'il survient une hémorragie, on l'arrête par une simple application d'eau froide; au besoin on emploie la ligature ou la cautérisation par le fer rouge. Les soins consécutifs se bornent à tenir la plaie propre. Il est inutile d'essayer les médicaments tant vantés en médecine humaine, le plus sûr moyen est toujours l'ablation de la tumeur qui généralement a une tendance à se régénérer.

Polypes, verrues et excroissances au pénis, dans le vagin et l'utérus.— Les polypes sont des excroissances charnues, ordinairement pédonculées, tantôt molles, tantôt dures, recouvertes d'une membrane muqueuse.— On les rencontre chez les chiennes dans le vagin et dans la matrice sous la forme de petites tumeurs d'un rouge pâle, très-peu sensibles et ne saignant presque jamais. Lorsqu'elles acquièrent un grand volume, elles gênent l'accouplement et la parturition.

Il se trouve aussi dans le vagin et sur le pénis des excroissances charnues qui sont très-sensibles et saignent facilement. Elles déterminent un écoulement purulent, gênent la sécrétion urinaire et se transmettent par contagion, lors de l'accouplement.

Le traitement le plus expéditif consiste à faire l'opération. — A l'aide des ciseaux et du bistouri on détache les polypes de leurs points d'attache et on arrête l'hémorragie par le tamponnement, ou en cautérisant avec une pâte faite avec la poudre de charbon et l'acide sulfurique. On peut essayer au début pour les excroissances les solutions concentrées de nitrate d'argent, le sulfate de cuivre et l'alun calciné en poudre, mais si ces moyens sont insuffisants, il faut recourir à l'instrument tranchant.

Hernie ombilicale. — La hernie ombilicale est souvent congéniale. Elle a son siége au nombril, elle consiste dans la non-fermeture ou la dilatation anormale de l'anneau ombilical à travers lequel passe une portion d'intestin. On la reconnaît à l'existence d'une tumeur molle, insensible et disparaissant sous la pression des doigts.

Cette hernie n'est pas dangereuse, mais comme il peut survenir un étranglement, il vaut mieux la faire disparaître dès le bas âge. On met l'animal sur le dos et on passe légèrement sur la tumeur un tampon imprégné d'acide azotique. La cautérisation qui en résulte resserre la peau, et sous l'influence de cette pression l'intestin rentre dans la cavité abdominale. Il faut avoir soin de ne pas faire une friction trop forte, car l'acide azotique est un violent caustique et on pourrait avoir une chute de peau ce qui entraînerait la sortie des intestins et la mort.

Je terminerai cette courte nosagraphie par la rage, cette terrible et mystérieuse maladie reconnue incurable par tous les médecins et vétérinaires, et en disant tout d'abord quelques mots des prétendues recettes qu'on préconise, de temps en temps pour préserver de la contagion.

Il y a quelques années le *Figaro,* et tous les journaux après lui, nous donnaient la formule d'un remède gardé à l'état de secret dans une famille de la Lorraine, la famille d'Ambois. — M. de Saint-Paul, directeur général au ministère de l'intérieur ayant été mordu dans sa jeunesse par un chien enragé, fut préservé des conséquences de la morsure en prenant pendant neuf jours ce remède qui lui fut administré.

En voici la recette :

Prenez de la rue, de la sauge, des marguerites sauvages et de la marguerite à feuilles de fenouil, (une bonne pincée de chacune). Prenez de la racine d'églantier et de la scorsonère (à proportion), hachez ces racines bien menues, ajoutez à cela cinq ou six bulbes d'ail. Pilez premièrement l'églantier, puis le reste, ajoutez une bonne pincée de gros sel et jetez sur ce marc, dans le mortier, un demi-verre de vin blanc. Mêlez bien, et passez avec expression à travers un linge, puis faite boire à jeun, pendant neuf jours de suite, observant de ne laisser manger que trois heures après. On peut substituer le lait au vin pour les animaux.

Nota.— Ce remède préservatif peut être pris efficacement dans les quarante premiers jours de la morsure.— « Son efficacité est absolue, dit M. de Saint-Paul, et il n'est pas d'exemple où son action ait été impuissante. » Je ne doute pas de la guérison de M. de Saint-Paul et de celles de beaucoup d'autres personnes ; mais il est reconnu qu'on peut être mordu par un chien enragé et ne pas devenir enragé. La rage ne se transmet pas toujours inévitablement à toutes les personnes ou à tous les animaux à qui le virus rabique a été inoculé par accident ou par titre d'expérience. Le remède de la famille d'Ambois peut être très-bon, et s'il est réellement un préservatif de la rage, le *Figaro* aura droit à la reconnaissance de l'humanité entière pour la divulgation de la recette qu'il s'est empressé de publier, avant même d'en avoir l'autorisation.

Dans tous les pays du monde il y a des gens qui préservent non-seulement de la rage, mais encore qui la guérissent en faisant avaler des breuvages dont la composition est toujours gardée dans le secret depuis un temps immémorial; mais dès que l'on veut contrôler par l'expérience la valeur de ces remèdes héroïques, on n'a que des déceptions.

Le meilleur préservatif de la rage est la cautérisation et voici des faits cités par le docteur Tardieu.

De 1858 à 1862,— de 143 personnes mordues, 63 ne contractent pas la rage, sur lesquelles 35 ont été cautérisées presque toutes moins d'une heure après la morsure.

Voici un autre exemple de nature à frapper beaucoup plus, il est rapporté par le docteur Catelan, des Hautes-Alpes : seize personnes sont mordues par un chien enragé en même temps qu'une ânesse. Toutes sont cautérisées et échappent à la contagion

L'ânesse seule qui n'est pas cautérisée est prise de rage et meurt.

M. Bouley, mon savant et honoré maître, qui a traité *la rage* de la manière la plus claire, la plus brillante et la plus complète, dans un mémoire lu à l'Académie de médecine, disait que « la meilleure des « prophylaxies de la rage consiste dans la divulga- « tion des symptômes qui caractérisent cette mala- « die » et qu'il voudrait « que par les soins d'une com- « mission composée de membres de l'Académie, une « instruction fut rédigée, au moins annuellement, « aussi courte, aussi succincte et aussi complète que « possible, dans laquelle on dirait, on répéterait « au public tout ce qu'il doit savoir pour bien con- « naître la rage canine ; et que cette instruction de- « vrait recevoir la plus grande publicité possible. »

Convaincu, comme cet académicien, que c'est la manière de faire disparaître les préjugés qui courent sur la rage, je donne aux veneurs, chasseurs, gardes et propriétaires, mon instruction sur la rage.

LA RAGE

« Méfiez-vous du chien qui commence à devenir malade ; tout chien malade doit être suspect. »

(H. Boulay.)

La rage est une maladie virulente dont la terminaison est toujours mortelle.

Développement. — La science admet que la rage peut être spontanée; mais, dans l'immense majorité des cas, elle est transmise par inoculation, par la morsure d'un animal enragé.

Influence du sexe. — Le sexe peut être considéré comme cause prédisposante. Il ressort des statistiques faites aux écoles vétérinaires d'Alfort et de Lyon qu'il y a plus de mâles que de femelles qui contractent la rage.

De 1853 à 1862, sur 190 chiens enragés, inscrits sur les registres de l'école d'Alfort, on compte :

Mâles	175
Femelles	15
	190

De 1851 à 1852, sur 47 chiens enragés, inscrits sur les registres de Lyon, il y avait :

Mâles	45
Femelles	2
	47

Ainsi, sur 237 animaux enragés, on trouve 220 mâles et 17 femelles.

Quelque éloquents que soient ces chiffres, je ferai remarquer que, s'il y a généralement plus de mâles que de femelles, c'est que ces dernières sont moins libres, par conséquent moins exposées à la contagion.

Influence des saisons. — C'est un préjugé très-répandu de croire que la rage sévit le plus à l'époque des grandes chaleurs. La rage sévit dans toutes les saisons, et les statistiques prouvent que ce sont dans les saisons pluvieuses qu'on observe le plus de cas.

Durée de l'incubation. — La maladie est très-irrégulière dans son évolution. Chez les uns, le délai est très-court (8 à 10 jours) ; chez les autres, très-long (5, 6, 7 mois, plus d'un an même) ; mais le plus ordinairement c'est entre la 6e et 12e semaine (42 à 72 jours) que les premiers symptômes apparaissent chez les animaux appartenant à l'espèce canine. Chez l'homme, sur 224 cas bien observés, la durée de l'incubation a été :

De moins de un mois dans. . . . . 40 cas.
De un à trois mois dans . . . . . 143 —
De trois à six mois dans . . . . . 30 —
De six à douze mois dans . . . . 11 —

La moyenne est de trois mois.

Chez les enfants, elle est moins longue : douze à trente jours, terme qu'elle ne dépasse jamais.

Premiers symptômes. — Humeur sombre, agitation qui se traduit par un changement de place. Le chien fuit ses maîtres, se cache, obéit avec lenteur quand on l'appelle.

L'inquiétude augmente : grande affection pour ses maîtres.

Délire rabique. — Le chien a des hallucinations

il se réveille en sursaut, se lance et mord dans l'air comme s'il voulait prendre une mouche au vol, il croit entendre du bruit et se précipite furieux contre les murs, puis il retombe assoupi et recommence comme s'il voyait ou entendait quelque chose d'étrange.

L'appétit ne diminue pas toujours ; le chien mange bien, mais il se dégoûte promptement.

Symptôme bien caractéristique. — Dépravation de l'appétit, le chien mange toute espèce de corps étrangers à l'alimentation, paille, bois, terre, pierre verre, fiente des animaux, laine, tapis, etc., etc.

Quelquefois vomissement de matières sanguinolentes et même sang pur.

Le chien n'a pas horreur de l'eau, seulement la déglutition est très-difficile (1).

Chez quelques-uns la bouche est remplie d'une bave écumeuse, chez d'autres elle est complétement

(1) L'expression *hydrophobie* est mauvaise et n'est pas synonyme de rage. Messieurs les préfets et les maires devraient, pour donner l'exemple, la supprimer dans leurs circulaires et la remplacer par le mot *rage*, que tout le monde comprend.

sèche, et sa muqueuse reflète une teinte violacée.

L'aboiement est caractéristique ; il est rauque, voilé; il y a changement de timbre.

Autre signe bien significatif. — Le chien reste muet sous la douleur, qu'il soit frappé, blessé, brûlé même, il ne pousse pas un cri, il fuit pour éviter les coups. On voit qu'il souffre, mais pas un seul gémissement.

La vue d'un autre chien l'irrite, le met en fureur; il se lance sur lui et le mord. L'autre, au contraire le fuit, et, lors même qu'il est plus fort, il devient craintif et se sauve sans se défendre.

Autre particularité. — Il arrive souvent que le chien qui ressent les premières atteintes de la rage s'échappe de la maison et reparaît le lendemain ou le surlendemain dans un état misérable.

Méfiez-vous du chien :

1° Qui devient triste et inquiet;

2° Dont l'appétit diminue ou est perverti;

3° Qui vomit des matières sanguinolentes;

4° Qui reste insensible sous les coups.

5° Qui boit difficilement ;

6° Dont la voix est changée ;

7° Qui fuit la maison;

8° Que la vue d'un autre chien met en fureur ;

9° Et, j'oubliais, dont le corps est couvert de quelques blessures ressemblant à des dartres. (Souvent c'est le chien lui-même qui se mord ; on en a vu se ronger entièrement la queue.)

Ce chien est suspect de rage, ce chien est enragé.

Rage déclarée. — Quand la maladie est arrivée à la dernière période, la physionomie du chien est terrible, son œil brille d'une lueur sombre, sa bouche est baveuse, il court d'abord librement, s'attaque à tous les êtres vivants qu'il rencontre, et les mord avec fureur. Fort heureusement épuisé par la fatigue, il ne tarde pas à faiblir, il se couche dans un fossé ou dans un endroit écarté. Malheur à celui qui le réveille ! il trouve souvent assez de force pour se lever et lui faire une morsure.

Après trois, quatre ou six jours, le chien enragé meurt paralysé. Rarement il arrive au huitième ou dixième jour.

Moyens préservatifs. — *Prophylaxie.* — La rage est une maladie si terrible, qui intéresse à un si haut point le public, qu'on ne saurait trop faire pour apprendre à tous quels en sont les premiers signes. Si d'un côté l'autorité, chargée de faire exécuter la loi relative aux animaux enragés ou suspects de rage, était plus vigilante, plus ferme ; si d'un autre côté les propriétaires de chiens se conformaient un peu plus à cette loi, il est probable qu'on verrait diminuer le nombre de cas de cette affreuse maladie que le chien peut transmettre non-seulement aux animaux de son espèce, mais encore à l'homme et aux autres animaux, soit domestiques soit sauvages.

En général les propriétaires ne se défient pas assez de cette maladie. On ne saurait trop leur répéter que tout chien malade peut être considéré comme suspect de rage, et, s'ils connaissaient bien les symptômes de la période initiale, ils pourraient éviter bien des malheurs.

Que fait l'administration ?

Chaque année elle fait afficher à l'époque des chaleurs caniculaires la loi sur les chiens enragés, mais elle s'inquiète peu ou pas assez si on suit ses prescriptions.

Un chien errant est-il tué comme suspect de rage, il est assez rare (dans la campagne surtout) que l'autorité intervienne. Monsieur le maire, sans savoir si le chien est réellement enragé, fait dire à tous, par son garde champêtre, qu'il faut que les chiens mordus soient tués, que les autres soient tenus en laisse ou muselés.

Pourquoi ne pas s'assurer de la maladie, et ne pas faire visiter l'animal par un homme de l'art ?

Je voudrais que tout chien suspect tué sur la voie publique fût apporté à la mairie, et que, sur la réquisition de l'autorité, l'autopsie en fût faite par un vétérinaire. Alors, d'après son rapport, le maire pourrait prendre *à bon droit* des mesures énergiques, si la rage était reconnue ; on tranquilise le public si, d'après les renseignements sur l'animal pendant sa vie et d'après l'inspection cadavérique, il était reconnu que le chien est en bonne santé.

Afin de diminuer le nombre de chiens errants, et par suite les cas de transmission rabique, je crois qu'il serait utile d'obliger tout propriétaire à mettre à son chien un collier sur lequel serait inscrit son nom et son adresse. De cette manière, dès qu'un animal étranger à la localité serait vu errant, la police l'arrêterait comme un vagabond pour le mettre en *fourrière* (1), et écrirait au propriétaire de venir le réclamer dans le délai de 4 à 8 jours, selon l'éloignement. Si après ce délai le chien n'était pas réclamé, il serait ou vendu ou abattu.

Il faut tuer impitoyablement tout chien mordu par un chien enragé ou seulement suspect de rage.

Quant aux personnes mordues par un chien enragé, il faut laver la plaie, la faire saigner, la sucer si c'est possible, et cautériser le plus promptement possible, de préférence avec le *fer rouge*, ou avec un caustique énergique tel que le beurre d'antimoine ou l'acide phénique. Les faits prouvent que ceux qui meurent de la rage n'ont pas été cautérisés dans la première heure, ou l'ont été d'une manière insuffisante ou tardivement.

Frédéric Herpin.

(1) Dans le logement servant de fourrière, les chiens devront être séparés les uns des autres.

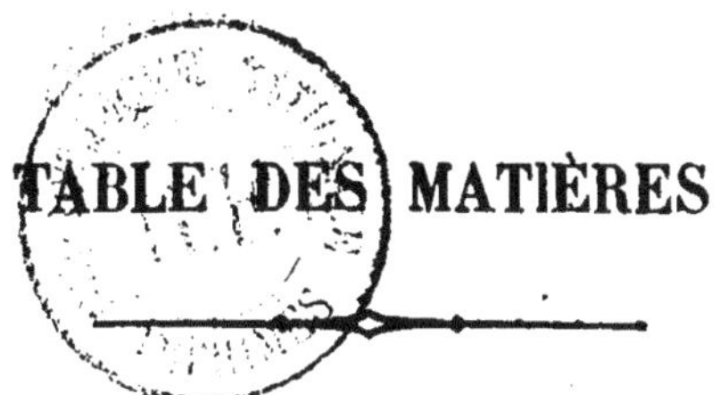

TABLE DES MATIÈRES

Page.

Tours, imp. Ladevèze.

www.ingramcontent.com/pod-product-compliance
Ingram Content Group UK Ltd.
Pitfield, Milton Keynes, MK11 3LW, UK
UKHW021122260726
13994UKWH00002B/964

9 782329 408804